Dutch Gold

Solid Gold

DUTCH GOLD

SOLID GOLD

REALITY AND GLOSS
OF A MAN-MADE LAND

WERKELIJKHEID EN SCHONE SCHIJN
VAN EEN LAND OP DE GROEI

WIRKLICHKEIT UND SCHÖNER SCHEIN
EINES VOM MENSCHEN GEMACHTEN LANDES

Een foto-impressie van
GEORGE BURGGRAAFF
en
KAREL TOMEÏ

met verbindende teksten van
ANDREAS OOSTHOEK

vertaald door
TONY BURRETT
HELENE LERCH

UITGEVERIJ UNIEPERS ABCOUDE

Foto omslag: Maas in schemerlicht (KT)
Inzet voorzijde: Roeien op de ringvaart, Haarlemmermeerpolder (GB)
Inzet achterzijde links: George Burggraaff
Inzet achterzijde rechts: Karel Tomeï
Schutbladen: Karel Tomeï
Foto naast titelpagina: Boer de Jong, Deil (GB)
Foto pag. 4/5: Gouden wolken (KT)

Beeldredactie: Marieke Bemelman, Uniepers
Vormgeving: Erik Sok, Uniepers
Productie en realisatie: Uniepers b.v., Abcoude
Lithografie: Fritz Repro, Almere
Druk: Drukkerij Snep, Eindhoven

ISBN 90 6825 199 6 / NUGI 672

DUTCH GOLD

SOLID GOLD

Dutch gold: gilt, pinchbeck and dazzlingly sham. The Netherlander, merchant and diplomat, has over the centuries acquired the reputation of being a skilful scenic artist. Blatant blemishes are industriously smoothed, sterling silver becomes gold plated and a clever painter turns hardwood into marble. Gilt and flimflam: the bare reality ornamented with the scanty solace we call Dutch comfort. Idleness has no place here. The Netherlander works on his square metre. He builds and controls. The landscape is his landscape. He tries to mould the wind and water and when Nature finally submits and is submerged, according to his times' demands he creates a new Environment which - not without pride - he calls 'natural'. Changement de décor is the Netherlander's most serious game. He is performing before the eyes of the world: the scenery changes but the curtain never falls. His aim? Solid gold: sound and solid, designed to stand the test of time.

Dutch gold: klatergoud, klinkklank en oogverblindende schijn. De Nederlander, koopman en diplomaat, heeft zich in eeuwen de reputatie van handig decorateur verworven. Al te opzichtige plooien worden nijver gladgestreken, degelijk zilver krijgt een goudlaagje en van hardhout maakt een knappe schilder marmer. Verguldsel en verlakkerij: de kale werkelijkheid versierd met de schrale troost die Dutch comfort heet. Daar past geen luiheid bij. De Nederlander werkt op zijn vierkante meter. Hij bouwt uit en beheert. Het landschap wordt zijn landschap. Hij tracht water en wind naar zijn hand te zetten en als de Natuur met volle overgave is weg-gewerkt, schept hij volgens de eisen van de tijd een nieuwe Omgeving die hij niet zonder trots natuurlijk noemt. Changement de décor is het ernstige spel van de Nederlander. Hij speelt voor het oog van de wereld: het decor wisselt, maar het gordijn zakt nimmer. Zijn doel? Solid gold: massief en degelijk, berekend op de tand des tijds.

Niederländisches Gold: Rauschgold, flitternder Tand und schöner Schein. Der Niederländer, Kaufmann und Diplomat, hat sich über die Jahrhunderte den Ruf eines geschickten Dekorateurs erworben. Allzu auffällige Falten werden emsig glattgestrichen, gediegenes Silber bekommt eine Goldschicht verpaßt, und aus Hartholz macht ein tüchtiger Maler Marmor. Blattgold und Lackmeierei. Ein magerer Trost verbrämt die nackte Wirklichkeit, und der heißt Dutch comfort. Damit verträgt sich keine Faulheit. Der Niederländer tut etwas auf seinem Quadratmeter. Er baut aus und verwaltet. Die Landschaft wird zu seiner Landschaft. Er ist bestrebt, sich Wasser und Wind gefügig zu machen, und wenn die Natur voller Hingabe weg-gearbeitet ist, schafft er nach den Erfordernissen der Zeit eine neue Umgebung, die er nicht ohne Stolz 'natürlich' nennt. Changement de décor heißt das ernste Spiel des Niederländers. Er spielt es vor dem Auge der Welt: Die Kulisse wechselt, doch der Vorhang senkt sich nie. Sein Ziel? Solid Gold: Massiv und gediegen, am Zahn der Zeit berechnet.

101354
76392
95635
2679
16222
073

Low land Marshland

Laagland Waterland

Tiefland Wasserland

In the Low Countries the water has voice and flavour. And colour. Low Land bears water to the sea: small waters become great, the hesitant source becomes a racing stream, the river chooses sea. In between lie kilometres of time for reflection, time to play and time to work. The Delta receives Europe, her reception is dignified and, above all, industrious. The water has never left the Netherlands undisturbed; the opposite is also true. Great waters and small, in close alliance with the wind, have made their contribution to the shaping of the landscape: colour, voice and flavour. And aroma. The Netherlander has turned back the tide, damned the waters' flow but has never completely won the battle. God's water - from time to time - assumes the right to flood God's acres. The Netherlander - with due respect and in appropriate measure - attempts to fight back. Dams, dikes and miracles of ingenuity to make the traditional enemy his friend. Safety measures - so fisherman and merchant, professional skipper and amateur sailor, swimmer and surfer, fish and fowl (and all else in the water) can play their part.

Duinen, Callantsoog (gb)

In de Lage Landen heeft het water stem en smaak. En kleur. Laagland draagt water naar de zee: klein water wordt groot, de aarzelende bron wordt een snelle stroom, de rivier kiest zee. Daartussen liggen vele kilometers bedenktijd, speeltijd en werktijd. De Delta ontvangt Europa en maakt er een waardige en vooral werkzame ontvangst van. Het water heeft Nederland nimmer ongemoeid gelaten en ook het omgekeerde is het geval. Groot en klein water hebben in nauwe verbondenheid met de wind hun bijdrage geleverd aan de vorming van een landschap: kleur, stem en smaak. En geur. De Nederlander heeft het getij gekeerd, de waterloop ingedamd en de strijd nooit helemaal gewonnen. Gods water neemt - van tijd tot tijd - het recht om over Gods akker te stromen. Daar onderneemt de Nederlander - met alle respect en in gepaste mate - iets tegen. Dammen, dijken en wonderen van vernuft om een erfvijand te vriend te kunnen houden. Veiligheidsmaatregelen, zodat visser en handelsman, schipper en spelevaarder, zwemmer en zeiler, vogel en vis (en al wie in het water is) hun spel kunnen spelen.

In den Niederlanden hat das Wasser Stimme und Geschmack. Und Farbe. Tiefland trägt Wasser zum Meer: Kleine Gewässer werden groß, die zögernde Quelle wird zum schnellen Strom, der Fluß sticht in See. Dazwischen liegen viele Kilometer Bedenkzeit, Spielzeit und Arbeitszeit. Das Delta empfängt Europa und macht daraus einen würdigen und vor allem betriebsamen Empfang. Das Wasser hat die Niederlande niemals ungestört gelassen, und auch das Umgekehrte trifft zu. Große und kleine Gewässer haben in enger Verbundenheit mit dem Wind ihren Beitrag zur Formung einer Landschaft geliefert: Farbe, Stimme und Geschmack. Und Geruch. Der Niederländer hat die Gezeiten abgewendet, den Lauf des Wassers eingedämmt und den Kamf doch nie vollständig gewonnen. Gottes Wasser nimmt sich von Zeit zu Zeit das Recht, über Gottes Acker zu fließen. Dagegen unternimmt der Niederländer etwas - mit allem Respekt und in geziemendem Maße. Dämme, Deiche und Wunderwerke der Erfindungsgabe sind entstanden, um den Erbfeind als Freund halten zu können. Sicherheismaßregeln, damit Fischer und Händler, Schiffer und Kahnfahrer, Schwimmer und Segler, Vogel und Fisch und alle, die sich ebenfalls im Wasser aufhalten, ihr Spiel spielen können.

Restraint seems appropriate in the grip of the great elements. The endless beach, silver light above the surf, beginning of a storm, forerunners of flood tide. Behind the wall of water the sunship waits. What indicates his path? Chalk cliffs perhaps, the far Americas, the golden beaches of the newest continent, warm harbours and water without end.

In de greep van de grote elementen lijkt terughoudendheid gepast. Het eindeloze strand, zilverlicht over de branding, een begin van storm, de uitlopers van de vloed. Achter de watermuren wacht het zonneschip. Wat wijst zijn weg? Krijtrotsen misschien, de verre Amerika's, de gouden stranden van het nieuwste continent, warme havens en water zonder eind.

Im Griff großen Elemente scheint Zurückhaltung geboten. Der endlose Strand, Silberlicht über der Brandung, ein beginnender Sturm, die Ausläufer der Flut. Hinter den Wassermauern wartet das Sonnenschiff. Was weist ihm den Weg? Kreidefelsen vielleicht, die Ferne Amerikas, die goldenen Strände des neuesten Kontinents, warme Häfen und Wasser ohne Ende.

Strand bij Groote Keeten (gb)

Pootje baden bij Callantsoog (gb)

The great sun comes to draw water. Little suns see stars. Old and new, a meeting at the sea, the broad expanse, the safety of the dune, love letters in the sand. An early spring and a new summer.

De grote zon komt water halen. Het zonnetje ziet sterretjes. Oud en nieuw, een samenkomst aan zee, de wijde vlakte, de geborgenheid van het duin, love letters in the sand. Een vroege lente en een nieuwe zomer.

Die große Sonne kommt zum Wasserholen, die Nebensonnen sehen Sterne. Alt und neu - ein Zusammentreffen an der See, die weite Fläche, die Geborgenheit der Dünen, love letters in the sand. Ein zeitiger Frühling und ein neuer Sommer.

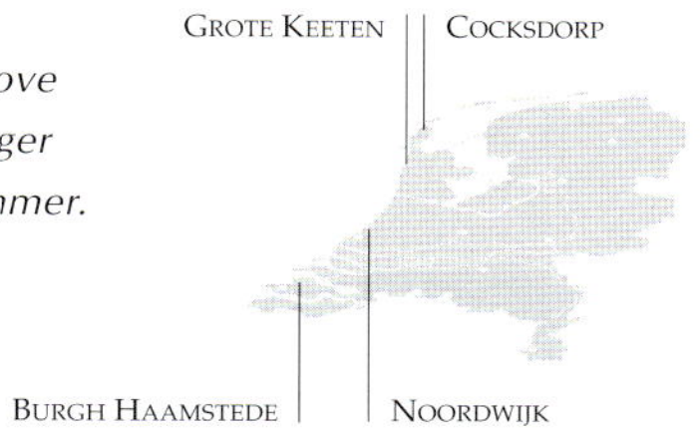

Kussen in de kuil, Cocksdorp (gb)

Strandbeauties, Noordwijk (kt)

De eerste lente-strandwandeling, Burgh-Haamstede (gb)

Strand, zee en zon bij Groote Keeten (gb)

Containeropslag, Rotterdam (kt)

The great sun comes to draw water. Little suns see stars. Old and new, a meeting at the sea, the broad expanse, the safety of the dune, love letters in the sand. An early spring and a new summer.

De grote zon komt water halen. Het zonnetje ziet sterretjes. Oud en nieuw, een samenkomst aan zee, de wijde vlakte, de geborgenheid van het duin, love letters in the sand. Een vroege lente en een nieuwe zomer.

Die große Sonne kommt zum Wasserholen, die Nebensonnen sehen Sterne. Alt und neu - ein Zusammentreffen an der See, die weite Fläche, die Geborgenheit der Dünen, love letters in the sand. Ein zeitiger Frühling und ein neuer Sommer.

KUSSEN IN DE KUIL, COCKSDORP (GB)

STRANDBEAUTIES, NOORDWIJK (KT)

DE EERSTE LENTE-STRANDWANDELING, BURGH-HAAMSTEDE (GB)

STRAND, ZEE EN ZON BIJ GROOTE KEETEN (GB)

Oosterscheldekering, Schouwen (kt)

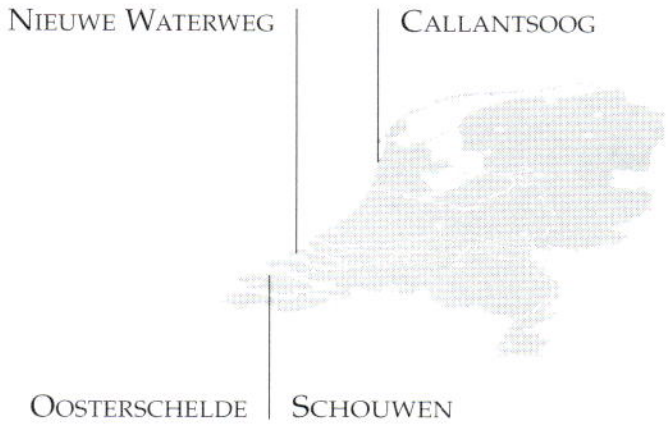

Door open, door closed. Inside and outside, confined and released, farewell. How do you build a flood barrier? Learn young, learn fair; from wet feet to dry. He who desires peace, prepares for war.

Deurtje open, deurtje dicht. Binnen en buiten, opgesloten en uitgelaten, vaarwel. Hoe bouwen we een waterkering? Jong geleerd, oud gedaan: van natte naar droge voeten. Wie de vrede wil, wapene zich voor de strijd.

Klappe auf, Klappe zu. Rein und raus, eingeschlossen und hinausgelassen, lebewohl. Wie bauen wir einen Damm? Jung gewohnt, alt getan: Von nassen zu trockenen Füßen. Wer den Frieden will, bereite den Krieg vor.

NEELTJE JANS, SCHOUWEN (GB)

DIJKEN BOUWEN, CALLANTSOOG (GB)

DELTAWERK, NIEUWE WATERWEG (KT)

Containeropslag, Rotterdam (KT)

Water in the city. Mainmast and mainport, careful and colourful, gaze at life. The one world slips into another. Interests are channelled through. Work waits and - between enterprises - a moment's pause.

Het water in de stad. Mainmast en mainport blikken het leven keurig en kleurig in. De ene wereld verglijdt in een andere. Belangen worden doorgesluisd. Het werk wacht en - tussen de bedrijven - een ogenblikje pauze.

Das Wasser in der Stadt. Hauptmast und Haupthafen blicken aufgeräumt und farbenfroh ins Leben. Die eine Welt gleitet in die andere hinüber. Die Arbeit wartet - inmitten der Geschäftigkeit ein kleiner Augenblick Pause.

WILHELMINAHAVEN, SCHIEDAM (GB)

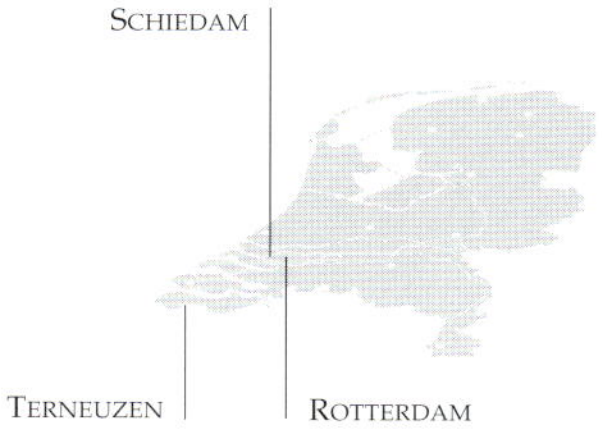

SLUIS BIJ KANAAL VAN GENT NAAR TERNEUZEN (KT)

EVEN PAUZE, HAVEN ROTTERDAM (KT)

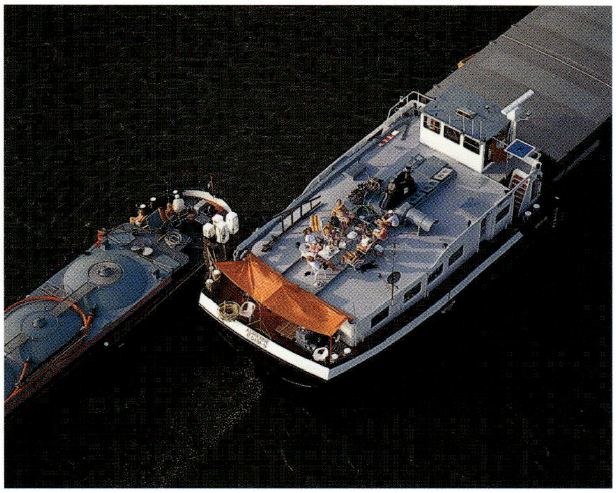

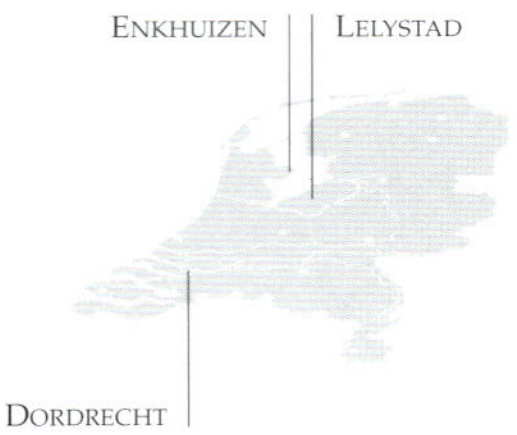

Oude haven, Enkhuizen (kt)

Gold from old, an image in time. Colonial history on new-won land. The bunks empty, sails furled, battle's tumult voiced, power waned. Showing the flag is all that remains in this new age.

Goud van oud, een (voor)beeld in de tijd. Koloniale waar op nieuwverworven land. De nesten leeg, de zeilen gereefd, het krijgsrumoer verklonken, de macht gekrompen. De nieuwe tijd rest vlagvertoon.

Gold aus alten Zeiten - im Goldenen Jahrhundert Bild und Vorbild zugleich. Kolonialware auf neugewonnenem Land. Die Nester leer, die Segel gerafft, der Kriegslärm verklungen, die Macht geschwunden. Der neuen Zeit bleibt nichts, als Flagge zu zeigen.

VOC-schip Batavia, Lelystad (kt)

Scheepsornament op jacht, Dordrecht (gb)

VOC-schip Batavia, Lelystad (kt)

The clouds are not stemmed, nor driven nor turned back. They drift, control in their own controlled manner. High and multiform above the busy family business on the Right Way, where time is money and a ship a boat.

De wolken laten zich schutten noch stuwen noch keren. Ze drijven en heersen beheerst. Hoog en veelvormig boven het driftig kleinbedrijf van de Rechte Weg waar tijd geld is en een schip een boot.

Nachjagen, Aufstauen und Umwenden ist zwecklos: Die Wolken treiben und herrschen beherrscht. Hoch und vielgestaltig über dem geschäftigen Kleinbetrieb des Rechten Weges, wo Zeit Geld ist und ein Schiff ein Boot.

Brug over keersluis Amsterdam-Rijnkanaal, Rijswijk (GB)

Stuwen in de Neder-Rijn bij Maurik (GB)

Moderne sluis bij Botlek (KT)

Houtribsluizen bij Lelystad (KT)

Sluis bij Doesburg (KT)

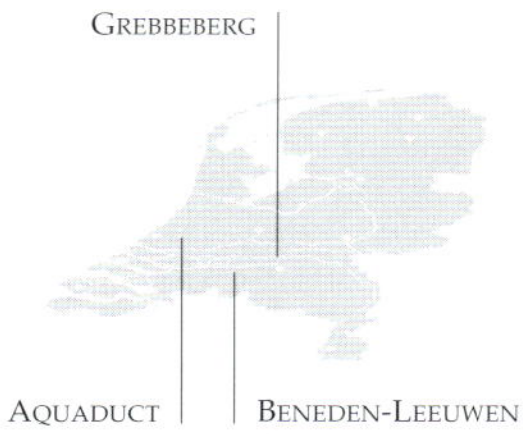

Zesbaks duwboot op Waal, Beneden-Leeuwen (gb)

Rust op ons eigen eiland, Grebbeberg (kt)

Six barges, one aim: forward down the waterway. How can a long story be made shorter? The screw precedes the shaft and waves follow. Every bank demands its opposite. And everything is better on the islands in between.

Zes bakken, één doel: vooruit over de waterweg. Hoe maakt men een lang verhaal wat korter. De schroef gaat boven de as en alle golven volgen. Aan elke oever wordt naar de overkant gevraagd. En op de eilanden ertussen is alles beter.

Sechs Behälter, ein Ziel. Und los geht's auf die Wasserstraße. Um eine lange Geschichte kurz zu machen: Die Schraube läuft über die Welle, und ihre nassen Schwestern folgen schnelle. An jedem Ufer wird nach der anderen Seite gefragt. Und auf den Inseln dazwischen ist sowieso alles besser.

Aquaduct over de A4 (kt)

Wipmolen langs de Linge (kt)

Grinding mills. The lord of wind and water deals power across the polder.
Mortals choose the bicycle, the old stream and the new, the sea in sight and a wonderful view.

Malende molens. De heer van wind en water verdeelt de krachten bloemrijk over de polder. De stervelingen kiezen voor de fiets, de oude en de nieuwe vliet, de zee-op-zicht en een dijk van een uitzicht.

Mahlende Mühlen. Der Herr von Wind und Wasser verteilt die Kräfte über den Polder. Die Wahl der Sterblichen fällt auf das Fahrrad, den alten und den neuen Flußarm, die See in Sichtweite und einen Deich mit einer Aussicht, die ihresgleichen sucht.

Linge-gemaal De Oude Horn, Acquoy (GB)

Fietsen op zeedijk Kruishoofd, Nieuwvliet-bad (GB)

Dijkverzwaring bij Ochten (KT)

Sometimes the water hits back and forces the (once-proud) builders to seek emergency transport. The ferryman's house is now a moated citadel and Nature is the lockkeeper. They who assail the age-old flow can count upon a counterflow. Those who imagine they are high and dry can suddenly find themselves in deep water.

Soms slaat het water terug en dwingt de (voorheen) trotse bouwers tot noodverkeer. Het veerhuis wordt een waterburcht en de Natuur de grote sluismeester. Wie de oerstroom aantast, mag op tegenstroom rekenen. Wie zich hoog en droogt waant, zit al in de boot.

Manchmal schlägt das Wasser zurück und zwingt die (vormals) stolzen Erbauer notgedrungen zum Ausweichverkehr. Das Fährhaus wird zur Wasserburg, die Natur zum großen Schleusenmeister. Wer es wagt, den Urstrom anzurühren, darf mit Gegenströmung rechnen. Wer sich hoch erhaben im Trockenen wähnt, sitzt bereits im Boot.

Met roeiboot naar ondergelopen camping, Veessen (gb)

Fietsen in hoog Maaswater, Grave (gb)

1988: Veenhuis onder water, Eck & Wiel (gb)

A ribbon of light in the landscape. Houses on the waterway, bridge over the watercourse, village by the river. The seasons watch, the cycle moves on. Nest warmth and quiet expectation. Geese cackle: make way, the guard has been relieved.

Een lint van licht in het landschap. Huizen aan de vaart, brug over de wetering, dorp aan de rivier. De seizoenen waken, de cyclus loopt. Nestwarmte en stil verwachten. De ganzen gakken: maak plaats, aflossing van de wacht.

Ein Streifen von Licht in der Landschaft. Häuser am Kanal, eine Brücke über einem Graben, ein Dorf am Fluß. Die Jahreszeiten halten Wache, der Zyklus nimmt seinen Lauf. Nestwärme und stille Erwartung. Die Gänse schnattern: Macht Platz, Wachablösung!

Maurikse Wetering (gb)

Waterkant Korne (gb)

Meerkoet, Buurmalsen (gb)

Ganzenfamilie op Linge (gb)

IJs op de Linge, Buurmalsen (Gld)

A chance of pleasure and making it real fun - between large and small - so many busy: enthusiasts on the breakwater, ferrymen and paddlers, standing and sitting, glorious hedonists. Driven by wind or motor, with an ample choice of greenery.

Kansen op vermaak en het echte vertier houden - tussen groot en klein - de velen bezig: kribbebijters, veerlieden, peddelaars, staande en zittende magistrale genieters. Op wind of op de motor, met een ruime keuze aan groen.

Von Jung bis Alt sind viele damit beschäftigt, Gelegenheiten zu Erholung und Zeitvertrieb zu nutzen: Sonnenhungrige, Fährleute, Paddler, fachmännische Genießer im Sitzen wie im Stehen. Mit Wind- oder Motorkraft und einer reichen Auswahl an Grün.

Waaltoerisme, Ochten (GB)

Fietsveer op de Linge, Enspijk (GB)

Peddelaars, Beusichem (GB)

Zeilboot met toeschouwers, Kalenberg (GB)

Waterrecreatie, Kagerplas (KT)

Jack Frost proves stronger than man: he brings the water to a standstill. He builds new highways binding town to town, and chills champagne: a summer mansion in the cooler. The ice cracks, the mirror has been shattered. The year, drawing to its close, summons another year.

De winter blijkt sterker dan de mens: hij brengt het water tot staan. Hij bouwt een nieuwe weg die stad met stad verbindt, en zet champagne koud: een lustslot in de koeler. Is het ijs gebroken, dan valt de spiegel stuk. Het jaar, ten einde, roept een ander jaar.

Der Winter zeigt sich stärker als der Mensch: Er bringt das Wasser zum Stehen. Er baut eine neue Straße, die Stadt mit Stadt verbindet. Er kühlt Champagner: Ein Lustschloß im Eisschrank. Ist das Eis gebrochen, zerfällt der Spiegel in Stücke. Und am Ende ruft das Jahr ein anderes Jahr.

Eenzame schaatser op Westerwoldse Aa, Oudeschans (GB)

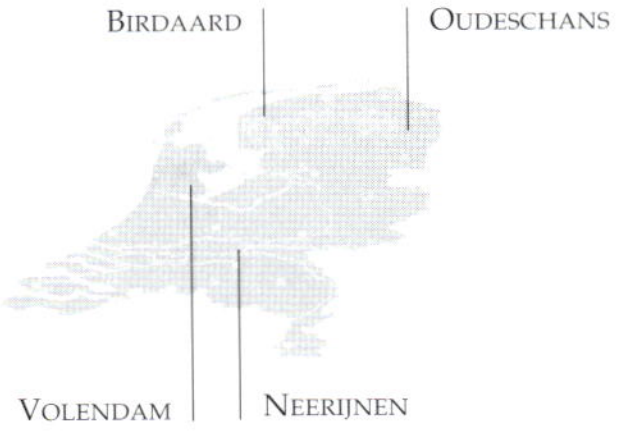

ELFSTEDENTOCHT 1986, BIRDAARD (GB)

IJSPRET OP SLOTGRACHT, KASTEEL NEERIJNEN (GB)

KRUIEND IJS BIJ VOLENDAM (KT)

Workplace beneath the Sea

Werkplaats onder de zee

Arbeitsplatz unter dem Meer

Below sea level the Netherlander works on his world. The fertile soil must be sustained, the water level carefully monitored. Light and heavy soils demand repeated treatment. The greatest part of this land has been won from the sea. And so in work and prosperity the polder found its model. Man made this agrarian complex, gold from the earth, with nothing free except the wind and water. The rest was thinking, rolling up the sleeves. Agriculture and horticulture have won an esteemed place in international markets. Study preceded, sophistication and technology, making the most of space, packaging quantity in quality. A small interior, without losing sight of itself, must learn to know the great exterior. Adaptation is a great and well-rewarded virtue.

Poldermolens, Leidschendam (KT)

Onder de zeespiegel werkt de Nederlander aan zijn wereld. De vruchtbare bodem eist onderhoud, het waterpeil staat onder hoog toezicht. Lichte en zware gronden vragen een herhaalde behandeling. Het overgrote deel van dit land is op het water gewonnen. Zo vond de polder, in werk en welvaart, zijn model. Zo vond de mens het agrarisch complex, goud uit grond, behalve wind en water, niets vanzelf. De rest is denkwerk en handen uit de mouwen. Land- en tuinbouw hebben zich een geachte plaats op de internationale markten veroverd. Daar ging studie aan vooraf, spitsvondigheid en technologie, efficiënt woekeren met de ruimte, de kwantiteit in kwaliteit verpakken. Een klein binnenland dient, zonder zichzelf te vergeten, het grote buitenland te kennen. Aanpassen is er een hoge en beloonde deugd.

Der Niederländer arbeitet an seiner Welt unter dem Meeresspiegel. Der fruchtbare Boden verlangt Pflege, der Wasserstand steht unter staatlicher Aufsicht. Leichte und schwere Böden machen wiederholte Behandlung erforderlich. Der weitaus größte Teil dieses Landes ist aus dem Wasser gewonnen. Und so erhielt der Polder, jene unter dem Meeresspiegel gelegene Marschlandschaft, eine zentrale Funktion für Arbeit und Wohlstand. Der Mensch entdeckte die Landwirtschaft als Wirtschaftsszweig - Gold aus Erde. Doch nichts geht von selbst, nur Wind und Wasser sind umsonst. Der Rest besteht aus gedanklicher Leistung und Ärmelhochkrempeln. Acker- und Gartenbau haben sich einen respektablen Platz auf den internationalen Märkten erobert. Voraus gingen Forschung, Tüftelei und Technologie, effizientes Haushalten mit dem Raum sowie das Bestreben, Quantität in Qualität zu verpacken. Ein kleines Binnenland muß das große Ausland kennen, ohne sich selbst zu vergessen. Die Fähigkeit, sich anzupassen ist eine hohe und belohnte Tugend.

Hemelse Waard, Nederhemert (gb)

Mestinjector, Zoelen (gb)

Furrows in the clay, trails in the mud. The promise has been made; then withers quietly until the new harvest presents itself. Sometimes a little water is required, sometimes a shot of shit. And it will grow.

Voren in de klei, sporen in het slik. De belofte ligt uitgelijnd: stil versterven tot de nieuwe oogst zich aandient. Soms moet er (een straaltje) water bij, soms een shotje shit. En groeien zal het.

Furchen in Lehm, Spuren im Schlick. Die Verheißung liegt in den Linien: Still ersterben sie, bis sich die neue Ernte ankündigt. Manchmal ist ein kleiner Wasserstrahl nötig, manchmal ein Schuß Shit. Dann wächst es.

Betuwse klei, Buren (gb)

Nijkerk
Marknesse
Ter Aar

Land Art in the polder. The farmer ploughs onward. Structures, the pattern of the day, the patterns of days, weeks, the months of the year. The playful labyrinth of satisfaction demands attention. The fruits of his labours are monitored, the weeds ejected from the field.

'Art'-weiland, Nijkerk (kt)

Bietenveld, Ter Aar (gb)

Eko-boerderij, Marknesse (gb)

Land Art in de polder. De boer ploegt voort. Structuren, het patroon van de dag, de patronen van dagen, weken, de maanden van het jaar. Het speelse labyrint-der-voldoening vraagt aandacht. Het kruid geproefd, het onkruid uit het veld geslagen.

Land Art im Polder. Der Bauer pflügt sich voran. Strukturen, das Muster des Tages, die Muster von Tagen, Wochen, Monaten, das Muster des Jahres. Das spielerische Labyrinth der Befriedigung fordert volle Aufmerksamkeit. Das Kraut wird geprüft, Unkraut aus dem Feld geschlagen.

Corn and flowers, golden yellow grain, distant bulb fields. The army of the harvest advances. Grain for bread, for linen flax. Summer assembles colours, mixes blue and yellow into green and, just for a change, it draws a path of red.

Koren en bloem, goudgeel graan, de bollenvelden in het verschiet. Het leger van de oogst trekt op. Graan voor brood, voor linnen vlas. De zomer verzamelt de kleuren, mengt blauw en geel tot groen en trekt een baantje rood, vanwege de afwisseling.

Korn und Mehl, goldgelbes Getreide, Blumenzwiebelfelder in der Ferne. Die Erntearmee zieht auf. Getreide für Brot, Flachs für Leinen. Der Sommer sammelt Farben, mischt blau und gelb zu grün und zieht eine Schmale rote Bahn - wegen der Abwechslung.

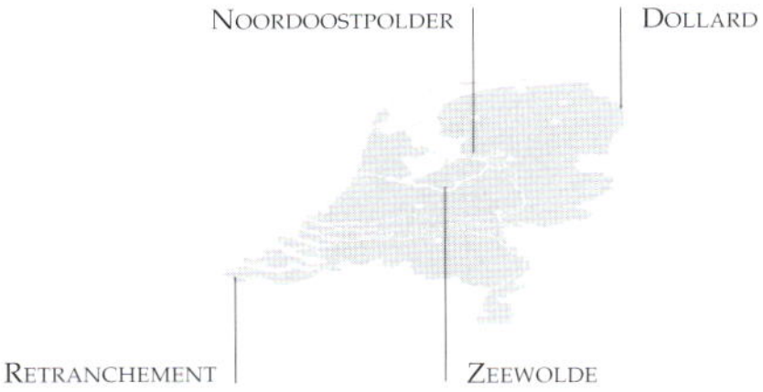

Graanvlaktes bij de Dollard (kt)

Vlas, retranchement (gb)

Gerst, Zeewolde (gb)

Graanvelden, Noordoostpolder (kt)

Within months the carpet has been woven, yellow-green and purples, the colours of the market place. He whose harvest has not yet been harvested, seldom speaks of harvest. Don't count your chickens! For the curious young all is still to see. A bitter harvest, but the future sweet.

In maanden is het tapijt geknoopt, geelgroen en paars, de kleuren van het marktbericht. Wie zijn gewas te velde heeft, spreekt zelden over de oogst. Wie pas komt kijken, moet alles nog zien. Wie zuur vergaart, staat het zoet te wachten.

Monate dauerte es, bis der Teppich geknüpft war in Gelbgrün und Violett, den Farben der Marktmeldungen. Wer seine Pflanzen aufs Feld gebracht hat, spricht selten über die Ernte. Wer gerade noch gucken kann, muß unbedingt alles sehen. Wer Saures sammelt, dem muß die Süße noch bewiesen werden.

Koolveld, Nieuw-Vennep (kt)

Joris en Daan, Callantsoog (gb)

Suikerbietentrots, Zoelen (gb)

Rabarber plukken, Cromvoirt (gb)

Aardappelen, Jipsingboermussel (gb)

The hillside and the plain,
manpower and horsepower,
sing to the glory of the 'chip'.
Feeding the 'Potato Eaters' has
become an industry in itself.
Po-ta-to sick-ness is fiction.

De berg en de vlakte,
mensenmacht en
paardenkracht, zingen de lof
van de patat. Het voer van
eigenheimers werd een
industrie gelijk. Aard-appel-
moe-heid lijkt een fictie.

Aardappels rooien, Oostelijk Flevoland (KT)

Aardappeloogst, Buurmalsen (GB)

Der Berg und die Ebene,
Menschenmacht und Pferdekraft
singen das Lob der Kartoffel.
Das Eigenheimer-Futter wurde
zur Industrie. Kartoffelmüdigkeit
scheint Fiktion.

Blossom points the way to harvest. From seed to succulence at harvest home. Spring jackets for the trees, on all sides quiet wonder. Holland shows its class.

Bloesems wijzen de weg naar de oogst. Van vruchtbeginsel tot appeltje voor de dorst. Een lichte vacht over de bomen en stille verwondering alom. Holland presenteert zijn klasse.

Blüten weisen den Weg zur Ernte. Vom Fruchtansatz bis zum Apfel gegen den Durst. Ein lichtes Fell über den Bäumen, stille Verwunderung überall. Holland präsentiert seine Klasse.

Fietsers tussen bloesem, Beesd (GB)

Jonagold-pluk, Buurmalsen (GB)

Plukfauze, Buurmalsen (GB)

Buurmalsen (GB)

Buurmalsen (GB)

Geldermalsen (GB)

Kersenbloesemboomgaard, Tiel/Zoelen (GB)

The glass city throws open all its windows. Jewels under glass. Dutch crystal? The bird flies high; the ambiance is fragile, after all.

De glazen stad zet alle vensters open. Juwelen onder glas. Dutch crystal? De vogel houdt zijn hoge vlucht; de sfeer is immers breekbaar.

Die gläserne Stadt öffnet alle Fenster. Juwelen hinter Glas. Holländisches Kristall? Der Vogel bleibt auf seinem Höhenflug, denn die Atmosphäre ist zerbrechlich.

De glazen stad, Westland

Paprikapluk, Buurmalsen (gb)

Trostomaten, Velddriel (gb)

Westlandschap (kt)

The National Planning Bureau: looking to the future, a snapshot for later. The little nursery plot, the great Idea. Narrow strips, widely adapted. Looking after tomorrow: flower among flowers.

Het Nationaal Plan Bureau: kijken naar later, kieken voor straks. Het kleine kweekveld en het grote Idee. De kleine aarde en haar wijde toepassing. Zorgen voor morgen: bloem tussen de bloemen.

Das Nationale Planungsbüro: nach der Zukunft schauen, die Gegenwart dokumentieren. Das kleine Zuchfeld und die große Idee. Die kleine Erde und ihre vielseitige Nutzbarkeit. Sorgen für morgen: Blume zwischen den Blumen.

Bollenvelden, De Zilk (GB)

Onder de gele tulpen, Hillegom (gb)

Proefveldjes van kwekerij, Boxtel (kt)

Winter counts the birds, straightens the course and steps - not without grace - from silver to gold. Black and far away in the silence, geese fly. Rooks call.

De winter telt de vogels, trekt de sporen recht en neemt - niet zonder zwier - de overstap van zilver naar goud. Zwart in de stilte vliegen ver weg de ganzen. De roeken roepen.

Der Winter zählt die Vögel, zieht die Linien nach und steigt - nicht ohne Anmut - von Silber auf Gold um. Schwarz in der Stille, fliegen in weiter Ferne die Gänse. Die Raben rufen.

Winterse oosthemmerpolder, Burgwerd (gb)

Zwieren op het ijs, Buren (gb)

Sneeuwboerderij Cupido, Hoorn/Terschelling (gb)

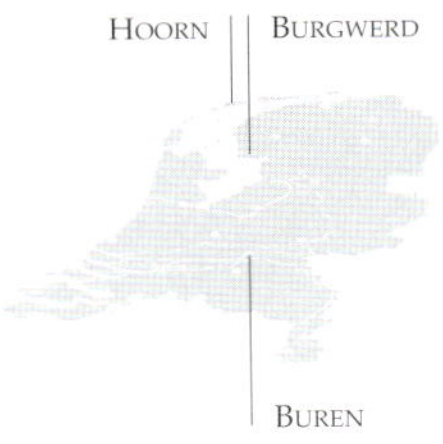

Busy doers And fusspots

Drukke doeners en drukdoeners

Geschäftiges Tun und Wichtige Macher

'Deeds not words' is the motto of the Netherlands. Doing, but not making too much fuss about it. In the course of many years 'doing' has taken on other meanings and talking has become 'communicating'. With gestures or without, via cable or network, or face-to-face in the good old-fashioned way. So life accelerates, with pauses in between, that's understandable. New techniques, expanding knowledge and an increase in scale - these are the key concepts. Reduction goes hand in hand with intensification, expansion with restrained zeal. The Netherlands deals in knowledge, high-quality agriculture and animal husbandry, pure products. Nothing sells itself. There's work to do, for now and for the future. The polder model, still searching for a balance, works. Caring for today means more liberal planning: people, society, self-preservation, govern progress.

Koeien bij Andelse Maas, Wijk en Aalburg (kt)

Niet praten maar doen, is het devies van Nederland. Doen en niet al te druk doen. Het doen heeft in de loop van vele jaren andere betekenissen gekregen en praten is communiceren geworden. Met of zonder gebaar, via kabel en netwerk, of ouderwets direct. Zo versnelt het leven. Met tussenpozen, wel te verstaan. Nieuwe technieken, uitbouw van kennis en schaalvergroting zijn de sleutelbegrippen. Bij inkrimping hoort intensivering, bij expansie ingehouden elan. Nederland handelt in kennis, hoogwaardige landbouw en veeteelt, gedegen producten. Niets verkoopt zich zelf. Werk aan de winkel, voor nu en later. Het poldermodel, steeds op zoek naar evenwicht, werkt. De zorg voor vandaag kadert in een ruimere planning: mens, samenleving, zelfbehoud, beheerste vooruitgang.

Nicht reden, sondern tun heißt die Devise der Niederlande. Tätig sein und es sich nich zu sehr anmerken lassen. 'Tun' hat im Laufe vieler Jahre andere Bedeutungen bekommen, und Reden ist 'Kommunizieren' geworden. Mit oder ohne Gebärden, über Kabel oder Netzwerk oder altmodisch direkt. So beschleunigt sich das Leben. Von Zeit zu Zeit, wohlgemerkt. Neue Techniken, Kenntniserweiterung und Vergrößerung des Maßstabs sind die Schlüsselbegriffe. Stellenabbau geht mit Intensiverung einher, Expansion mit verhaltenem Elan. Die Niederlande handeln mit Knowhow, hochwertigen Landbau und Viehzucht, mit gediegenen Produkten also. Nichts verkauft sich von selbst. Am Geschäft arbeitet man für jetzt und für später. Das Poldermodell, die stetige Suche nach Gleichgewicht, funktioniert. Die Sorge für das Heute ist in einen umfassenderen Plan eingebettet. Dazu gehören Mensch, Zusammenleben, Selbsterhaltung und kontrollierter Fortschritt.

Botlekgebbied, Rotterdam (kt)

Boerderij aan de Lekdijk, Beusichem (gb)

Boerenerf, Elburg (gb)

Joris bij de pinken, Buren (gb)

Modern boerenbedrijf, Buren (gb)

Pleasure outdoors, pleasure in. Probity maintains inheritance. Approach and reserve: life close to and at a certain distance. The Green Heart sets its personal cardiologist to work, beats on.

De vreugden binnen, de vreugden buiten. Eerlijkheid houdt het erf schoon. Toenadering en reserve: het leven nabij en op enige afstand. Het Groene Hart zet zijn eigen cardioloog aan de knoppen (en klopt).

Die Freuden drinnen, die Freuden draußen. Ehrlichkeit hält das Erbteil sauber. Annäherung und Zurückhaltung: Das Leben in nächster Nähe und auf einigem Abstand. Das Grüne Herz setzt seinen eigenen Kardiologen an die Brust und läßt ihn tasten. Wie es klopft!

Boerenbedrijf, Noordoostpolder (KT)

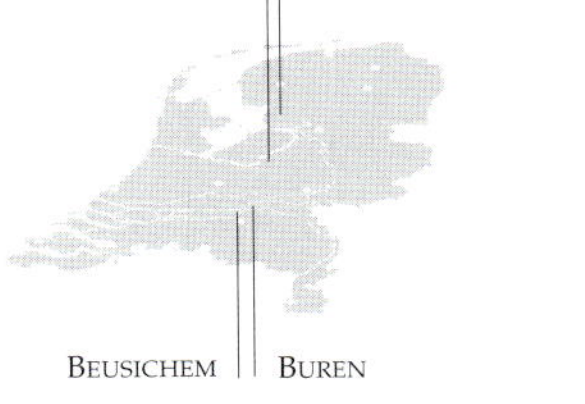

Doetinchem
Buren
Slenaken

The European Top, on the way to integration, bows in colourful diversity to the problem of milk quotas. Expertise? Supporters remain sceptical and wait - in the end, those who wait are always wiser.

De Europese Top buigt zich, op weg naar eenwording, in bonte verscheidenheid over het vraagstuk van de melkquota. Deskundigheid? De achterban blijft sceptisch en wacht af: men komt tenslotte altijd wijzer van de markt...

In bunter Verschiedenheit beugt sich der europäische Gipfel auf dem Weg zur Einheit über das Problem der Milchquoten. Sachverstand? Die Basis bleibt skeptisch und wartet ab: Nachher ist man sowieso schlauer.

Boeren op de veemarkt, Doetinchem (GB)

Blonde d'Acquitaine vleesstieren, Buren (GB)

A cows' day out in man's garden. Cooling off at the waterside. A few blissful hours of doing absolutely nothing and then a turn on the carousel. Unconcerned. That other black-white creature has the watch.

De dagjeskoeien in de mensentuin. Verkoeling in het groen, aan de waterkant. Een paar uur zalig nietsdoen en tot slot een rondje in de carrousel. Geen zorg: de andere zwartbonte past op.

Kühe im menschlichen Gehege, Ausflügler im Tiergarten. Abkühlung suchen im Grün am Ufer. Ein paar Stunden seliges Nichtstun und nachher eine Runde im Karussel. Keine Sorge: Der andere Schwarzbunte paßt auf.

Koeien met zonnebaders, Culemborg (KT)

Boer met melkbussen, Lekkerkerk (GB)

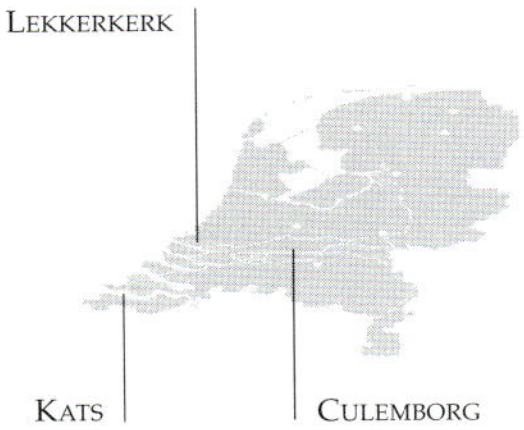

Melkcarrousel, Kats (GB)

A garish oracle in the polder. Grubbing about beneath the sun. It's raining pigs, but who cares less? Tasty truffels between Lek and Waal? Don't wait to be butted by the polder gazelle, the hollow-horned ruminant with the beard, and sheer the wool from the docile sheep.

Een kakelbont orakel in de polder. Een nest schalen in het venster. Gescharrel onder de zon. Het regent varkens, maar wie krijgt er een borstel van? Of beter - truffels, tussen Lek en Waal? Wacht niet op de kopstoot van de poldergazelle, de holhoornige herkauwer met de baard en scheer de makke schapen naar hun wol.

Ein kunterbuntes Kakel-Orakel im Polder. Gescharre unter der Sonne. Es regnet Ferkel, aber für wen bleibt da mehr als eine Borste übrig? Oder, noch besser, Trüffel aus dem Gebiet zwischen Lek und Waal? Die Poldergazelle ist ein hohlgehörnter, bärtiger Wiederkäuer. Warte nicht, bis sie dich vor den Kopf stößt, rücke lieber den braven Lämmern auf den Pelz.

Geitenfokkerij, Burgh-Haamstede (GB)

Kinderen met biggen, Middelbeers (GB)

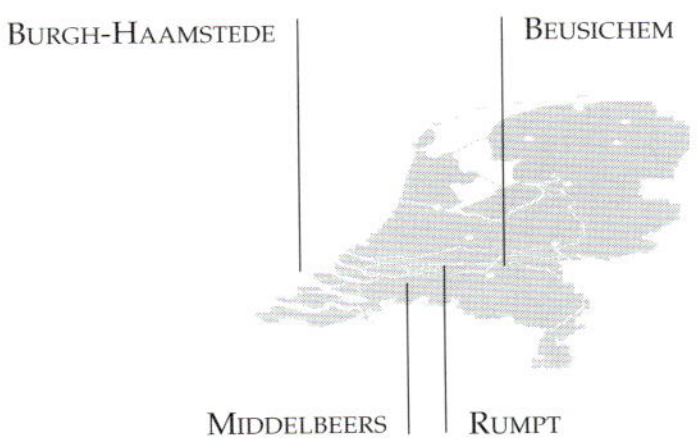

Bruine scharrelkippen, Beusichem (GB)

Schapen in de mist, Rumpt (GB)

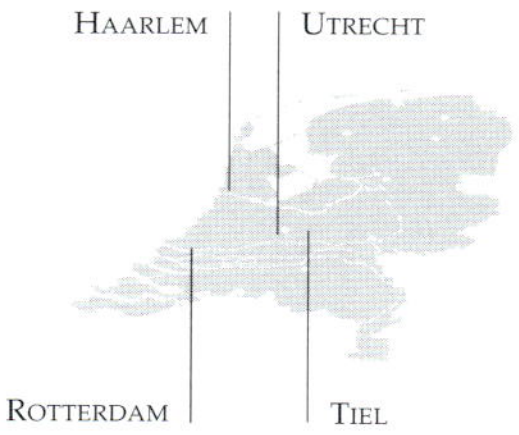

Marktkraam met pantybenen, Tiel (gb)

Bloemenkoopman Oudegracht, Utrecht (gb)

Marktdag op Grote Markt, Haarlem (gb)

Leg-ends in the city. It's all blooming theatre! Everybody having a ball. Trade flourishes, living produce, upright and ambulant, by old waters, in the shadow of yesterday, in the light of tomorrow.

Beentje gelicht in de stad? Allemaal theater: Fleurop! Pierrot aan den Lantaarn! De negotie bloeit, levende waar, staand en ambulant, aan oud water, in de schaduw van gisteren, in het licht van morgen.

In der Stadt das Bein lüften? Alles nur Theater, dieses Fleurop! Pierrot an der Laterne. Der Kramwarenhandel blüht, lebendige Ware, stehend und ambulant, am alten Wasser, im Schatten von gestern, im Licht von morgen.

Markt in de nieuwe stad, Rotterdam (kt)

Bottle: elongated glass vessel serving to hold liquids and to convey them.
Silo: warehouse, specially for grain, manure and fodder, poured in from above and ejected from below.

Fles: langwerpig glazen vat met nauwe hals, dienende om vloeistoffen in op te nemen en te vervoeren.
Silo: pakhuis, speciaal voor granen, mest en voeders, waarin de goederen van boven worden gestort en aan de onderkant verwijderd.

Flasche: Längliches gläsernes Gefäß mit engem Hals. Dient dazu, Flüssigkeit aufzunehmen und zu befördern.
Silo: Speicher, besonders für Getreide, Mist und Futtermittel. Die betreffenden Güter werden von oben eingefüllt und am unteren Ende entnommen.

Mengvoedersilo Fransen, Erp (gb)

Suikeruniedepot, Zevenbergen (gb)

Silo's Harry Vos, Oss (gb)

Mestsilo Promest, Helmond (gb)

Beugelflessenlijn Grolsch brouwerij, Groenlo (gb)

Flevocentrale, Lelystad (kt)

Energy, the engine of life, the heartbeat of society. High tension, spread through city and countryside.

Energie, de motor van het leven, de hartslag van een samenleving. Centrale spanning, verspreid over stad en land.

Energie: Motor des Lebens und Herzschlag eines jeden Zusammenlebens. Zentralspannung, die über Stadt und Land verteilt wird.

AMERCENTRALE, GEERTRUIDENBERG (KT)

*Cables, the binding thread,
an illuminating example,
glowing through and through.
The factories working
for tomorrow.*

Kabels, de rode draad,
lichtend voorbeeld, doorgloei.
De fabrieken werken
aan morgen.

*Kabel, roter Faden, leuchtendes
Vorbild, ständiges Glühen. Die
Fabriken arbeiten am Morgen.*

Opslagterrein met kabelrollen, Lochem (kt)

Onderzoekcentrum Philips licht, Eindhoven (gb)

Fabriek, Hengelo (kt)

Industriousness along the river's bank. Water brings hope, hope springs eternal in the human breast.
Old industry renewed, looks higher up, achieves the heights.

Bedrijvigheid aan de stroom. Water geeft hoop, hoop doet leven. De oude industrie vernieuwt, zoekt het hogerop en krijgt de hoogte.

Geschäftigkeit am Strom. Wasser macht Hoffnung, Hoffnung läßt leben. Die alte Industrie erneuert sich, geht stromaufwärts und wächst über sich selbst hinaus.

Industriegebied Zaanstreek, Zaandam (kt)

BUILDING ON GROWTH

BOUWEN OP DE GROEI

AUF DAS WACHSTUM BAUEN

Build, break down, rebuild. The foundation of the built-up landscape. The preserved house stands beside the portents of a new age. What must remain conserved, is cherished. What's left, destroyed. The New Development Scheme is born in consultation. Where the cities grew into a concrete jungle, light and air are given a fresh chance. Villages no longer suffer from proliferation. Above everything stands The Great Plan. Sometimes the Plan is departed from - illicitly - and trimmings are demanded. Sandstone is still cherished, veined marble and hardwood that defied the centuries. They cannot halt the march of this new age: acres of glass, kilometres of steel, concrete realities. The ground plan is susceptible to disturbance - a different rhythm makes a different tune. City and country are growing under the regime of a different dynamic. A bird's-eye view reveals much: giving and taking on the square metre. A variety of forms and shapes, tradition and experiment. Elegance and ostentation lost to the square, the square loses to the quadrant. The Plan demands a rounding-off: building on growth.

Bouwen, breken, bouwen. De grondslag voor het bebouwde landschap. Het behouden huis staat er naast de tekenen van een nieuwe tijd. Wat bewaard moet blijven, wordt gekoesterd. Wat op en over is, verdwijnt. De Nieuwe Uitleg ontstaat uit overleg. Waar de steden groeiden naar een steenwoestijn, krijgen licht en lucht nieuwe kansen. Dorpen lijden niet langer onder wildgroei. Boven alles staat Het Grote Plan. Soms wordt daar - sluiksgewijs - van afgeweken en eist de mens wat franje op. Zandsteen wordt nog gekoesterd, geaderd marmer en het hardhout dat de eeuwen trotseert. Ze kunnen de opmars van de jongste tijd niet stuiten: hectaren glas, staal en zeer concrete gegevens. De plattegrond is onderhevig aan ritme-stoornis. Stad en lande groeien onder het regiem van een andere dynamiek. Een vogelvlucht leert veel: geven en nemen op de vierkante meter. Daar hoort veelvormigheid bij, traditie en experiment. Zwier en sier verloren aan het vierkant, het kwadraat verliest aan het kwadrant. Het Plan eist afronding: bouwen op de groei.

CELIA, UTRECHT (GB)

Bauen, niederreißen, bauen. Der Grundstein bebauter Landschaft. Das wohlerhaltene Haus steht neben den Zeichen einer neuen Zeit. Was bewahrt werden soll, wird gehegt und gepflegt. Was kaputt und passé ist, verschwindet. Neu Bebauungspläne entstehen mit Überlegung. Wo der Wachstum der Städte zur Steinwüste führte, bekommen Licht und Luft eine neue Chance, Dörfer leiden nicht länger unter Wildwachstum. Über allem steht Der Große Plan. Zuweilen wird davon klammheimlich abgewichen, wenn den Menschen nach etwas Schmuck verlangt. Nach wie vor wird Sandstein favorisiert, ebenso geäderter Marmor und Hartholz, das sogar Jahrhunderten trotzt. Sie können den Aufmarsch der jüngsten Zeit jedoch nicht aufhalten; riesige Flächen von Glas, Stahl und zementierten Realitäten.

Die Stadtplannung ist einer Rhythmusstörung unterworfen. Unterschiedliche Gesetze bestimmen die Wachstumsdynamik von Stadt und Land. Ein Vogelflug macht vieles deutlicher: Geben und Nehmen auf dem Quadratmeter. Dazu gehört Vielgestaltigkeit, Tradition und Experiment. Putz und Zierde verlieren an das Quadrat, das Quadrat verliert an den Quadranten. Der Plan verlangt nach Abrundung: Auf das Wachstum bauen.

NIEUWE WONINGTYPEN, ALMERE (KT)

Buildings created by craftsmen of old: the familiar silhouette, at home and far away. The citizen's hearth and home within a bastion of security. That's worth something. Gold, perhaps? The keeper of the gate is not slumbering nor does he sleep.

Bouwen naar oude stiel: het vertrouwde silhouet, thuis en veraf. Huis en haard van de burger binnen een bastion van geborgenheid. Dat is wat waard. Goud, bijvoorbeeld. De poortwachter sluimert noch slaapt.

Bauen im alten Stil: Die vertraute Silhouette zu Hause und in der Fremde. Haus und Herd des Bürgers bilden im Inneren eine Bastion der Geborgenheit. Das ist etwas wert, Gold zum Beispiel. Der Torwächter schläft noch schlummert nicht.

HISTORISCHE HUIZEN, HAARLEM (KT)

HOLLANDSE SKYLINE, BEESD (GB)

VESTINGSTAD HULST (KT)

VEERPOORT BIJ DE LEK, SCHOONHOVEN (GB)

Historische stad aan de rivier, Gorinchem (kt)

Kuipershaven met Damiatebrug, Dordrecht (gb)

All meet at the water's side: the businessman, the industrialist, the builder, the man-in-the-street. To each his own. A studious pigeon takes a tutorial; jenever, brought to book; the children's voices never quite extinguished; stones before Light. He who wants to get ahead will point the way - sometimes above.

Aan het water komen allen samen: de handelsman, de nijveraar, de bouwer, de burger. Ieder krijgt zijn deel. Een studieuze duif, zijn hooggeleerde heer, het Groot Geneverboek, de nooit verklonken kinderstem, stenen voor Licht. Wie vooruit wil wijst - soms - omhoog.

Am Wasser kommen alle zusammen: Händler, Gewerbetreibende, Baumeister und Bürger. Jeder bekommt sein Teil. Eine lernbegierige Taube, der hochgelehrte Herr, das Große Jeneverbuch, die nie verklungene Kinderstimme, Steine statt Licht. Wer anderen voraus sein will, weist zuweilen nach oben.

Standbeeld Hugo de Groot, Delft (GB)

Regentenkamer weeshuis, Buren (GB)

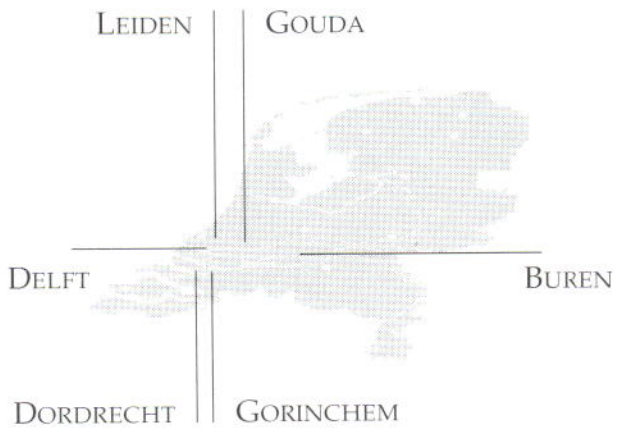

Stadhuis (1450), Gouda (GB)

Gevelsteen geboortehuis Rembrandt, Leiden (GB)

Kasteel van de Heren van Valkenburg, Valkenburg (kt)

Emperor and king, baron, count and governor. They found a house, for pleasure and defence, a stronghold and a paradise. They found a great house for a small company. The company has grown, the wheels go on turning.

Keizer en koning, heer graaf, grietman en jonker. Ze vonden een huis, tot plaisantie en afweer, een burcht en een lusthof. Ze vonden een groot huis voor een kleine kring. De kring is groter geworden. De toegang loopt op rolletjes.

Kaiser und König, gräflicher Herr, Ratsherr und Junker. Sie fanden ein Haus, zur Verlustierung und zum Zeichen ihrer Wehrhaftigkeit, eine Burg und ein Lustschloß. Sie fanden ein großes Haus für einen kleinen Kreis. Der Kreis ist größer geworden. Der Zugang läuft auf Rollen.

Jachtslot De Eese, Steenwijk (gb)

Skaters bij Kasteel Maurick, Vught (gb)

Huize Den Treek, Leusden (gb)

Villa of roses. A grey palace seeks colour, thousands search. The watchman on the Waal, the flowery answer to Versailles, reflection of her ladyship and a well-situated pavilion: House of Hopes.

Villa des roses. Een grauw paleis zoekt kleur, duizenden zoeken mee. De wachter aan de Waal, het bloemrijk antwoord op Versailles, het spiegelbeeld van de jonkvrouw en een welgelegen paviljoen: House of Hopes.

Villa des roses. Ein grauer Palast sucht Farbe, Tausende suchen mit. Der Wächter an der Waal, die blumenreiche Antwort auf Versailles, das Spiegelbild des adligen Fräuleins und ein schön gelegener Pavillion: House of Hopes.

Dijkberm bij Kasteel Waardenburg, Waardenburg (GB)

Koninklijk Paleis Het Loo, Apeldoorn (GB)

Paviljoen Welgelegen, Haarlem (GB)

Kasteel Zoelen, Zoelen (GB)

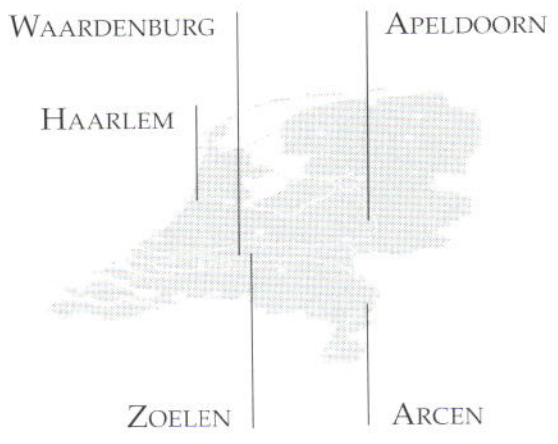

Kasteel Arcen met kasteeltuin, Arcen (KT)

The house of Art, the bow wave of Art, an ArenA for heroes and mortals, bridging capital.

Het huis van de kunst, de boeggolf van de kunst, een ArenA voor helden en stervelingen: overbruggingskapitaal.

Das Haus der Kunst, die Bugwelle der Kunst, eine ArenA für Helden und Sterbliche: Überbrückungskapital.

Groninger Museum, Groningen (gb)

Hoofdgebouw Nationale Nederlanden, Den Haag (gb)

Chassé Theater, Breda (kt)

ArenA, Amsterdam (kt)

Living in the lake, the breath of la Serenissima. The workman's village, the garden(er's) village. Basement and upper door. The house of silence, stone between the stones.

Wonen in de plas, de adem van la Serenissima. Het dorp van de werkman, het dorp van de tuinman. Onderhuis en bovendeur. Het huis der stilte, steen tussen de stenen.

Wohnen im Wasser, der Atem der Serenissima. Das Dorf des Arbeitsmenschen, die Gartenstadt. Unterhaus und Obertür. Das Haus der Stille, Stein zwischen den Steinen.

Kagereiland (kt)

Philipsdorp, Eindhoven (kt)

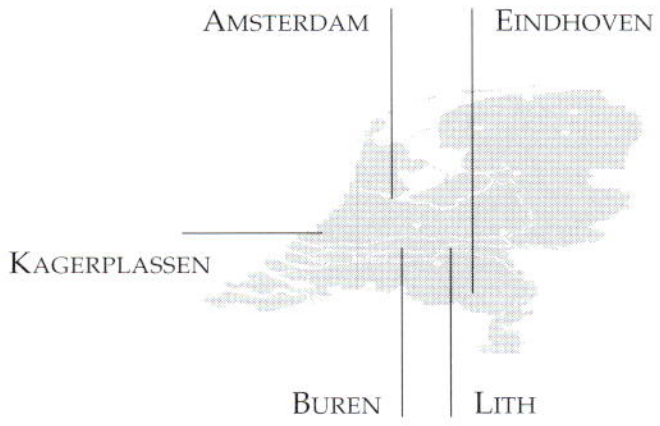

Dijkhuis, Schoonhoven (gb)

Praatje in de deur, Buren (gb)

Amsterdam-Centrum met Westertoren, Amsterdam (kt)

New touches on the old,
surgery on the heart.
An old citadel, arsenals
and park, a white cathedral,
a merchants' palace, boulders
in the meadow and
an uncompromising stack
of living space.

Nieuw raakt aan oud, een ingreep in het hart. Een oud kasteel, kruittorens en een park, een witte kathedraal, een kooppaleis, keien in de weien en star gestapeld woongenot.

Neu trifft auf Alt, ein Eingriff am Herzen. Ein altes Schloß, Pulvertürme und ein Park, eine weiße Kathedrale, ein Konsumpalast, Findlinge auf den Wiesen und streng gestapeltes Wohnvergnügen.

Nieuw stadshart, Breda (kt)

Flats bij Overvecht, Utrecht (gb)

Stadsuitbreiding, Leidschendam (kt)

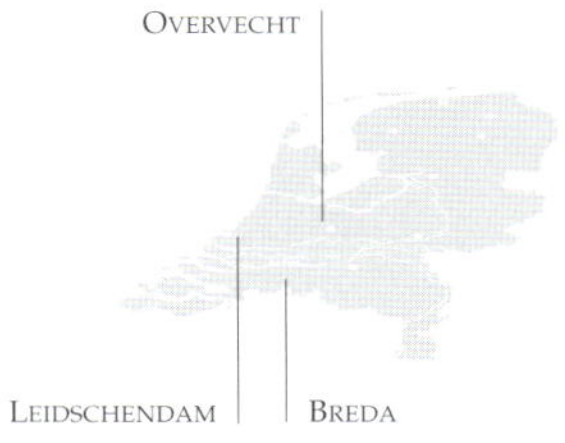

…we woonwijken, Almere-Buiten (kt)

Stuctures.
On special offer: free-standing stars, circles on the sun, crystals and other contrivances.

Structuren.
In de aanbieding: vrijstaande sterren, cirkels op de zon, kristallen en andere gevallen.

Strukturen.
Im Angebot: freistehende Sterne, Sonnenkreise, Kristalle und andere Modelle.

Moderne huizenblokken, Etten-Leur (kt)

Woonzeshoek, Eindhoven (kt)

Woningen, Venlo (kt)

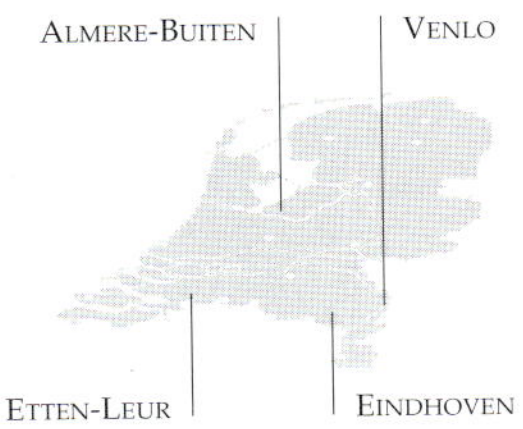

*On your bike, beside your bike,
not enough air and more than
enough. Panting through the
dunes towards the sea.
And back, the hinterland awaits.*

Op de fiets, naast de fiets,
lucht tekort en lucht te over.
Een plein vol zadelpijn.
Puffend door het duin,
de zee tegemoet. En terug,
het achterland wacht.

*Auf dem Fahrrad, neben dem
Fahrrad, Luftmangel und Luft im
Überfluß. Ein Platz voller
Sattelschmerz. Keuchend durch
die Dünen, dem Meer entgegen.
Und zurück - das Hinterland
entgegen.*

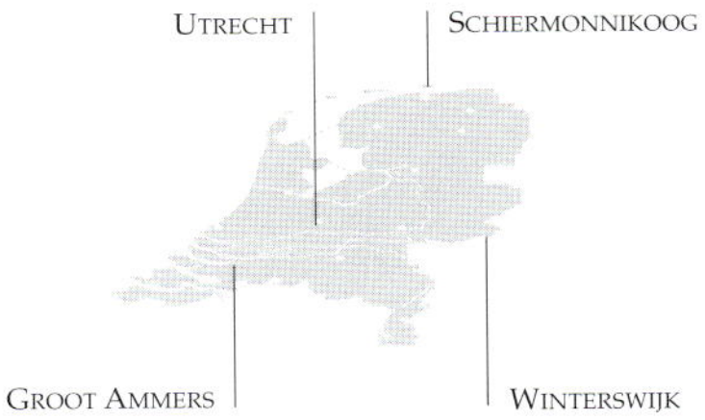

Lekke band, Winterswijk (GB)

Rijwielstalling AZU, Uithof, Utrecht (GB)

Achterlandse molen, Groot Ammers (GB)

Strandfietsenstalling, Schiermonnikoog (KT)

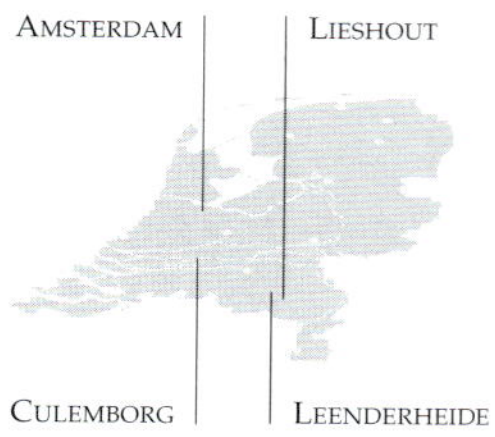

Spoorbrug, Culemborg (KT)

Centraal Station, Amsterdam (KT)

VERKEERSSTROMEN, LEENDERHEIDE (KT)

At court: Central passenger control, assemble and disperse. The daily match, a moment's pause and back behind the wheel. Finding your way around the Netherlands.

Ten paleize: centraal reizigersbeheer verzamelt verstrooit. Met de muziek mee, blazend door de polder of in een stalen dwangbuis.
De dagelijkse match, een ogenblikje pauze en terug tussen de wielen. Wegwijs in Nederland.

Im Palast. Zentralverwaltung der Reisenden. Wie gesammelt, so zerstreut.
Das tägliche Match, ein Augenblick Pause und zurück zwischen die Räder. Wegesgewißheit in den Niederlanden.

NEDERLAND-DISTRIBUTIELAND, LIESHOUT (KT)

Verkeersplein, Oudenrijn (kt)

'De Zwaan', Erasmusbrug, Rotterdam (kt)

Wildviaduct , Woeste Hoogte (kt)

The wild swan. The traffic tamed. Taut steel. So holds the new bridge sway, narrowing the gap and bringing the poet closer: two opposing sides, once seeming to avoid each other, are neighbours once again.

De wilde zwaan. Het verkeer
getemd. Strak staal. Zo heerst
de nieuwe brug en brengt de
dichter nader:
twee overzijden, die elkander
vroeger schenen te vermijden,
worden weer buren.

Der wilde Schwan. Der Verkehr ist gezähmt. Strammer Stahl. So herrscht die neue Brücke und bringt uns den Dichter näher: Zwei gegenüberliegende Seiten, die früher einander zu meiden schienen, werden wieder Nachbarn.

Nijhoffbrug over de Waal, Zaltbommel (GB)

KLM
KLM
KLM
KLM

SPRONG NAAR GOUD, SCHIPHOL (GB)

LUCHTHAVEN SCHIPHOL (KT)

PLATFORM, SCHIPHOL (KT)

Mixed reports. Structure in the chaos. The Flying Dutchman hazards the leap for gold.

Gemengde berichten. Ordening in de chaos. De Vliegende Hollander waagt de sprong naar goud.

Vermischte Nachrichten. Ordnung im Chaos. Der Fliegende Holländer wagt es, nach dem Gold zu springen.

Joggers bij de St. Jan, Den Bosch (gb)

Life Embellished

Het leven versierd

Das verschönerte Leben

People at play and life embellished. How does a world of work acquire colour? Tension above, relaxation below. Working, building, breaking down, thinking, doing: sometimes other values count and work is done in leisure time, prime time and play. And tone and colour count more often. Free moments seek a balance with our regulated time. Contemplation and pleasure, sometimes exuberant, usually restrained. The Netherlander recognizes limits and he knows his place: not all that spacious, but roomy enough to guarantee a fitting flight from daily pressures. Fitting - of course, that has been thought about. So embellished life takes on form, inside and out. So people find their play, a touch of light, a measure of reflectiveness. So we find ourselves. In amazement. But yet!

De spelende mens en het versierde leven. Hoe krijgt een werkwereld kleur? Bovenspanning wordt ontspanning. Werken, bouwen, breken, denken, doen: soms tellen de andere waarden en wordt er gewerkt aan vrije tijd, fleur, spel. En vaker tellen toon en kleur. De vrije momenten zoeken evenwicht met de gebonden tijd. Bezinning en plezier, soms uitbundig, meestal ingehouden. De Nederlander kent grenzen en weet zijn plaats: niet al te ruim bemeten, maar ruim genoeg om een gepaste vlucht uit de alledaagse drukte te verzekeren. Gepast, daar is - natuurlijk - over nagedacht. Zo krijgt het versierde leven vorm, binnen en buiten. Zo vindt de mens zijn spel, een vleugje licht, een weinig beschouwelijkheid. Zo vindt de mens zichzelf. In verwondering. Maar toch!

Moerdijkbrug, Lage Zwaluwe (GB)

Der spielende Mensch und das schöngemachte Leben. Wie bekommt eine Arbeitswelt Farbe? Hochspannung wird Entspannung. Arbeiten, bauen, abreißen, denken, tun - manchmal zählen andere Werte, wird an Freizeit, Entfaltung, Spiel gearbeitet. Und noch mehr zählen Ton und Farbe. Die freien Momente suchen ein Gleichgewicht mit der gebundenen Zeit. Besinnung und Vergnügen, manchmal ausgelassen, meistens zurückhaltend. Der Niederländer kennt Grenzen und seinen Platz: nicht allzu weiträumig bemessen, aber geräumig genug, um eine passende Flucht aus der alltäglichen Geschäftigkeit zu garantieren. Passend - darüber hat man natürlich nachgedacht. So nimmt das verschönerte Leben drinnen und draußen Gestalt an. So entdeckt der Mensch sein Spiel, einen Lichtblick, ein wenig Beschaulichkeit. So findet der Mensch sich selbst. In Verwunderung. Aber immerhin!

A landscape as a gaming board, arrangement of planes and colours, composition, chiaroscuro, light and dark. High and low.

Een landschap als spel, het schikken van vlakken en kleuren, componeren, chiaroscuro, licht en donker. Bij hoog en bij laag.

Eine Landschaft als Spiel. Arrangieren von Flächen und Farben, komponieren, Chiaroscuro, Hell und Dunkel. Bei Hoch und Niedrig.

Tuinderijen, Boskoop (KT)

Slagenlandschap, Lopikerwaard (KT)

Agrarisch gebied, Westerschelde (KT)

Limburgs heuvelland, Slenaken (KT)

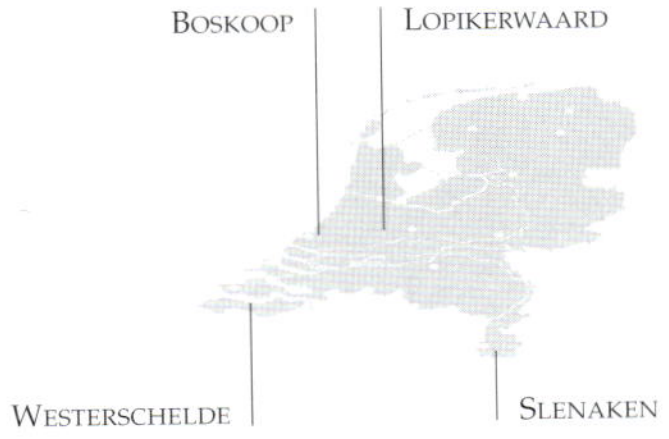

Landschapsschilderes, Rijswijk (gb)

Holland wall-to-wall, plein air,
the land strews colours.
The painters of the light
Seek the loveliest view
(Warm clothes compulsory).

Holland breed: plein air,
het land strooit kleuren.
De schilders van het licht
Zoeken het mooiste zicht.
(Warme kledij verplicht).

Holland in der Waaggerechten:
nichts als Luft, das Land streut
die Farben.
Die Maler von diesem Licht
suchen die schönste Sicht.
(Warme Kleidung ist Pflicht.)

BOLLENVELDEN, DE ZILK (KT)

The sun lives at the front door, at the back door. The sun rests on the roof, it warms the stream, demands a song. Parasols, floating gardens and always flowers by the house.

De zon woont in het voorhuis, in het achterhuis. De zon rust op het dak, verwarmt de vliet en eist een lied. Parasols, drijvende tuinen en altijd bloemen aan huis.

Die Sonne wohnt im Vorderhaus, im Hinterhaus. Die Sonne ruht auf dem Dach, erwärmt das Gewässer und verlangt ein Lied. Sonnenschirme, treibende Gärten und immer Blumen am Haus.

Zonnen in de achtertuin, Roelofarendsveen (GB)

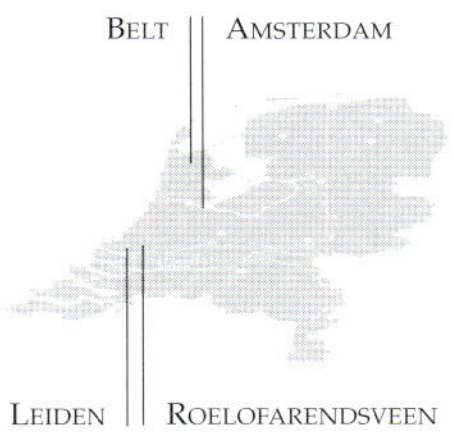

Huisje met tuintje, Belt, Schutsloot (gb)

Op de vliet, Leiden (gb)

Woonboten, Eilandsgracht, Amsterdam (gb)

Agatha- en Barbarabasiliek, Oudenbosch (gb)

Hooglandsekerk, Leiden (gb)

Custodians of door and key. Servants of the Word, reaching for the sky or foursquare on the crowded earth. The great network in the shadow of Rome and Mecca, in the light of the Lowlands.

De bewaarders van deur en sleutel, dienaren van het woord, hoog op de benen of vierkant op de volle grond. Het grote netwerk in de schaduw van Rome en Mekka, in het licht van het Laagland.

Die Hüter von Tür und Schlüssel, Diener des Wortes, hoch aufgeschossen oder rechteckig auf dem Boden. Das große Netzwerk im Schatten von Rom und Mekka, im Licht des Tieflands.

St. Jan, Den Bosch (gb)

Mariakapel St. Jan, Den Bosch (gb)

Moskee in stadsbeeld, Helmond (kt)

Bijbel, Allingawier (GB)

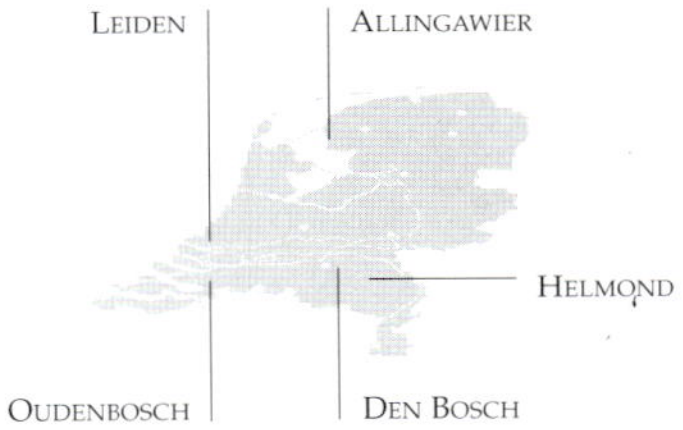

Inspraakavond in Meteren (gb)

Talking precedes doing; mostly they go together, talking while doing. The Chair, the rank and file, the person in between: prelude, interlude, postlude. A break, forget work for a little while.

Aan doen gaat praten vooraf en meestal gaat het samen: al doende praat men. Voorzitter, tussenzitter, achterban: voorspel, tussenspel en naspel. De pauze is er voor het kleine vergeten.

Reden geht Tun voraus, und meistens geschieht es gleichzeitig: Beim Tun redet man. Vorsitzer, Dazwischensitzender, Basis - Präludium, Interludium, Postludium. Die Pause ist dazu da, um die Kleinigkeiten zu vergessen.

BFN Beleidsconferentie, Garderen (GB)

Koffiepauze Autobusherstelldienst, Utrecht (GB)

Patatje, Vredenburg, Utrecht (GB)

Tuin Kröller-Müllermuseum, Otterlo (GB)

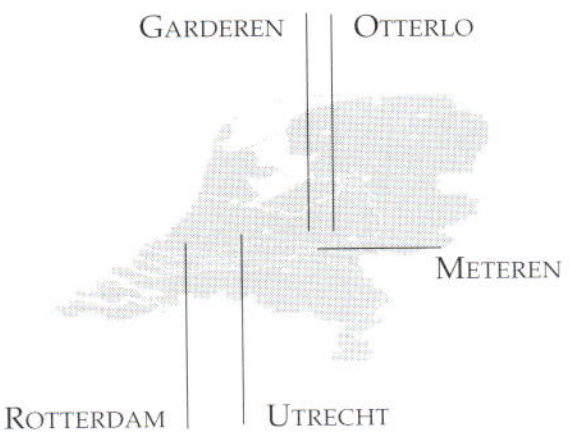

Koffie, Rotterdam (GB)

Draaiorgel op Herengracht, Amsterdam (gb)

Boerenblaaskapel, Callantsoog (gb)

Orkest Wilhelmina, Buurmalsen (gb)

Tentjes op Dynamo Open Air Festival, Eindhoven (kt)

Life's ornament. Dynamics on (and round) the bandstand. Well-doing through Pleasure & Blowing As Well As You Can. Celestial organ, pedal (point), collecting-tin and lustre.

Des levens ornament. Dynamiek op en rond de muziektent. Weldoen door Vermaak & Blazen naar Kunnen. Het hemels pierement, orgelpunt, mans en glans.

Ornament des Lebens. Rauf mit dem Dynamikregler, und rund geht's ums Musikzelt. Sich selbst und anderen Gutes tun durch Freude am und Blasen nach Können. Des Himmels Drehorgel, Orgelpunkt, Klingelbeutel und Schimmerglanz.

Flevo Muziekfestival, Dronten (GB)

Flevomuziekfestival, Dronten (GB)

Si

Kröller-Müllermuseum, Otterlo (gb)

Rietveld-Schröderhuis, Utrecht (gb)

Mondriaanmeisje, Dronten (gb)

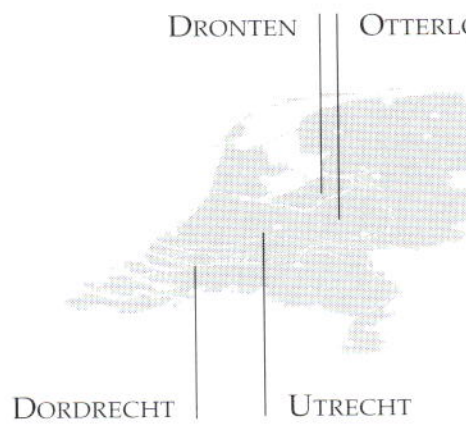

Kadeterrassen, Utrecht (kt)

Heuvelterras, Eindhoven (gb)

Paradeterras, Den Bosch (gb)

E PIETEN, BUURMALSEN (GB)

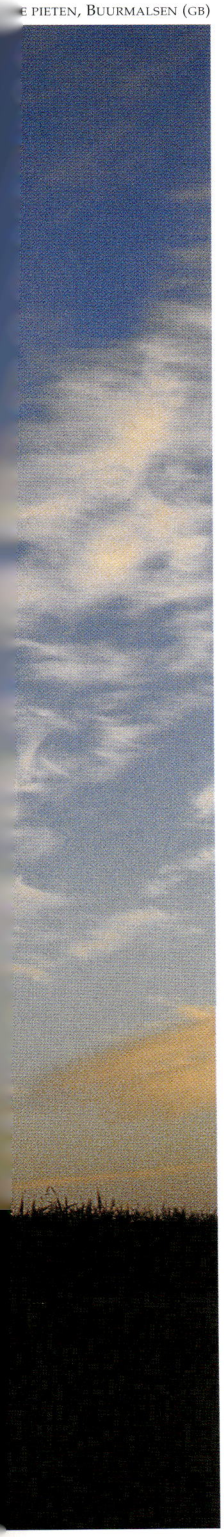

Tradition flourishes. Spectacle on the dike; the crusade is preached, the council cancelled. The quiet strength of number 36: looking fine and prepared to pierce the ring. A virtuous Spring awaits.

De traditie bloeit. Spektakel op de dijk; de kruistocht gepredikt, het concilie afgeblazen. De stille kracht van Nummer 36: om door een ringetje te halen. Een kuise Lente wacht.

Die Tradition blüht. Spektakel auf dem Deich: die Kreuzfahrt gepredigt, das Konzil abgeblasen. Die stille Kraft von Nummer 36: durch einen Ring zu holen. Ein keuscher Frühling wartet.

CARNAVAL, EINDHOVEN (GB)

RUST NA RINGSTEKEN, MIDDELBURG (GB)

KEUKENHOF, LISSE (GB)

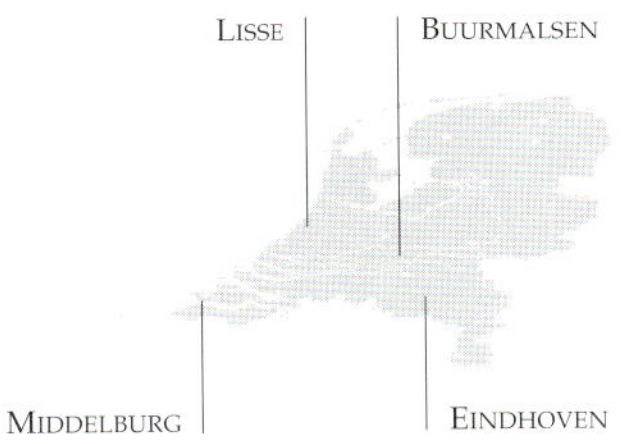

Straatmuzikanten, Eindhoven (gb)

Koninklijk Theater Carré, Amsterdam (kt)

Theatre, flag parade on sea. Côté cour, côté jardin and pas de deux. Life is just a stage. Tragedy and comedy, masks and devil's dance. At the royal Carré laughs wipe away the tears.

Theater, vlaggenparade aan zee. Côté cour, côté jardin en pas de deux. Het leven is een schouw-toneel. Tragedie en komedie, maskers en bokkenspel. Op het koninklijk vierkant breekt de lach de traan.

Theater, Flaggenparade an der See. Côté cour, côté jardin en pas de deux. Das Leben ist ein Schauspiel. Tragödie und Komödie. Masken und Narrenpossen. Auf dem königlichen Rechteck sticht das Lachen die Träne aus.

MUZIEK- EN DANSTHEATER, DEN HAAG

AMUSEMENTCOMPLEX CIRCUS ZANDVOORT, ZANDVOORT

KUNSTDEPOT DORDRECHTS MUSEUM, DORDRECHT (GB)

KRÖLLER-MÜLLERMUSEUM, OTTERLO (GB)

*On painters' time.
The Mondriaan-look, lady-like.
Red, white and blue (and
yellow), a thin black stripe.
A moment and an age, a sign
in time. High class art from
the Lowlands.*

Op schilders' tijd.
Mondriaan-look, lady-like.
Rood, wit en blauw (en geel),
een streepje zwart. Moment en
duur, het teken in de tijd.
Spitskunst, kunst van de
vlakte.

*In der Zeit des Malers.
Mondriaan-look, lady-like. Rot,
weiß und blau (und gelb), ein
Streifchen Schwarz. Dem
Augenblick verpflichtet und
teuer, Zeichen der Zeit.
Spitzenkunst, Kunst aus der
Ebene.*

A charming folk relax between old brown and sparkling lager. As the day wears on the hills beckon, the parade goes by, and here the special offer: a kingdom for a beer!

Tussen oud bruin en sprankelend blond verpoost een zeer innemend volk. Bij het vorderen van de dag wenken de heuvelen, verloopt de parade en luidt de aanbieding: hier, een koninkrijk voor een bier!

In braunem Interieur, bei braunem Alt und sprühendem Blond erholt sich ein wahrhalt einnehmendes Volk. Wenn der Tag sich neigt, winken die Hügel, verläuft sich die Parade und heißt das Angebot: hier, ein Königreich für ein Bier!

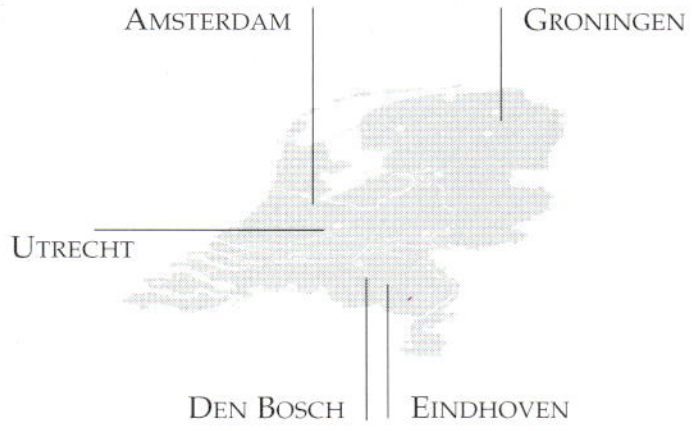

Bruin café, Amsterdam (GB)

Cafégezelligheid, Groningen (GB)

Send the Light! Dutch gold, the beautiful reflection stretches out the day and everyone's existance. The play of light and sound leads to a never-ending feast. Eternity lasts for but a night.

Zendt het Licht! Dutch gold, de schone weerschijn verlengt de dag en ieders actualiteit. Het spel van klank en licht voert naar een eeuwig feest. Eeuwigheid duurt een nacht.

Sende Dein Licht! Niederländisches Gold - der schöne Wiederschein verlängert den Tag und die Aktualität eines jeden Dinges. Das Spiel von Klang und Licht führt zu einem ewigen Fest. Ewigkeit dauert eine Nacht.

TV-ZENDMAST, IJSSELSTEIN (GB)

Grote kerk, Breda (gb)

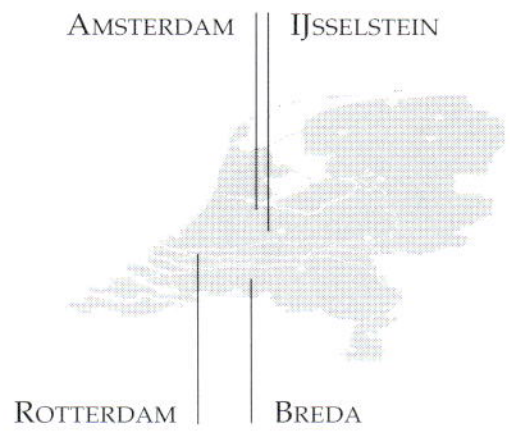

Nederlands Architectuur Instituut, Rotterdam (gb)

Magere brug, Amsterdam (gb)

Strandspringvliegeren, Callantsoog (gb)

Callantsoog (gb)

We have wings, exceed ourselves, seldom bear a grudge but just the same we try - with circumspection or like lightning - to keep our feet most firmly on the ground.

Wij hebben vleugels, lopen onszelf voorbij, zien zelden om in wrok en trachten niettemin - bedachtzaam of vliegensvlug - de benen stevig op de grond te houden.

Wir besitzen Flügel, laufen an uns selbst vorbei, blicken selten zurück im Zorn und trachten nichtsdestotrotz danach, bedächtig oder fliegenflüchtig, mit den Beinen fest auf dem Boden zu bleiben.

Kermis, Grote Markt, Haarlem (GB)

Erop uit, Ommeren (GB)

Lowlands language: first in the boat, a choice of oars (sometimes umbrellas). The silverfish brings gold, but each thing has its place. A herring a day keeps the doctor away!

Laaglands latijn: eerst in de boot, keur van riemen (en soms van paraplu). De zilvervis brengt goud, maar elk op zijn getij. Haring in het land, dokter aan de kant.

Seemannslatein: Als erster ins Boot geklommen, vor den andern die Ruder genommen (und manchmal den Regenschirm).Der Silberfisch bringt Gold, aber jeder zu seiner Zeit. Hering auf dem Land, am besten aus der Hand.

Vissen op de linge, Geldermalsen (gb)

Vissers op de pier, Groote Keeten (gb)

Mosselvissersboot, Oosterschelde (gb)

Vissersvriendschap, Rhenoy (gb)

Haring met uitjes, Callantsoog (gb)

Volle camping, Cadzand-bad (gb)

Hondsbossche Vaart, Groet (gb)

A second home. On wheels, under sail, below decks, along the dike, the camping site, the meadow or peninsula. Out is out.

Een tweede huis. Op wielen, onder zeil, benedendecks, langs de dijk, op de camping, de vlakte of een landtong. Uit is uit.

Ein zweites Haus. Auf Rädern, unter dem Segel, unter Decken, entlang dem Deich, auf dem Campingplatz, der Ebene oder einer Landzunge. Aus ist aus.

Port Zeelande, Oudorp (KT)

Waterrecreatie, Sneekermeer (KT)